Quelques Considérations

SUR

LES PLÂTRIÈRES

DE VAUCLUSE

Quelques Considérations

SUR

LES PLÂTRIÈRES

DE VAUCLUSE

Les Plâtrières de Vaucluse

ET LEUR AVENIR

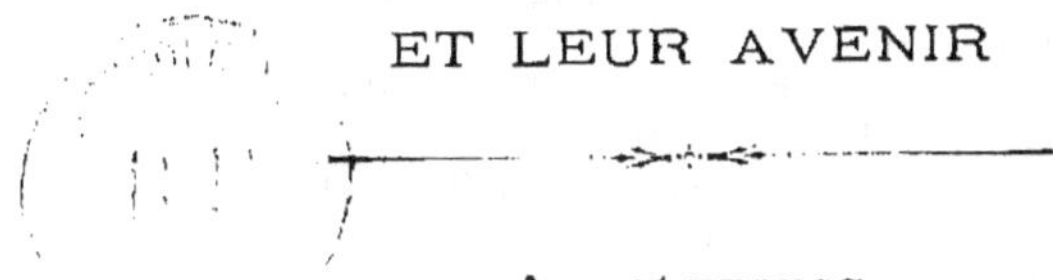

Avant-propos

Lors de l'assemblée générale du mois de septembre 1905, j'avais soumis aux actionnaires de cette Société quelques-unes des réflexions qui suivent. Je leur avais fait part des résolutions qu'il y aurait lieu de prendre pour permettre à cette industrie de cesser la lutte ruineuse qui l'épuise, et de trouver, dans l'exploitation de ses carrières, la juste rémunération des capitaux qui y sont engagés.

La situation de cette industrie ne s'étant pas modifiée depuis lors, je considère comme un devoir de soumettre de nouveau aux actionnaires de cette Société les considérations qui militent en faveur d'une orientation nouvelle. Ils auront ainsi sous les yeux des éléments suffisants d'appréciation pour porter un jugement sur les faits actuels et décider si cet état de choses peut se prolonger plus longtemps.

Considérations générales

Toutefois, il me paraît indispensable de fournir quelques explications préliminaires, qui seront également nécessaires aux conclusions que j'aurai à formuler.

La production du plâtre, en France, est de 1.450.000 tonnes environ. Sur ce total, Paris livre, chaque année, à la consommation, près de 1 million de tonnes.

Il en résulte qu'en dehors de ce centre, les autres gisements sont très clairsemés, puisqu'ils s'étendent sur 19 départements livrant à eux tous 450.000 tonnes seulement. Mais sur ces 19 départements, presque tous situés dans le Sud-Est et le Midi de la France, 3 seulement ont une réelle importance pour nous : ce sont les départements de la Savoie, de Vaucluse et de l'Ariège.

— 4 —

Tout l'Ouest et tout le Centre de notre pays sont à peu près dépourvus de gisements de plâtre.

Cette bizarre formation géologique a eu pour premier résultat de faire renchérir le prix de vente, qui dépasse 20 fr. la tonne dans les trois quarts de la France, alors que le prix moyen à la mine est d'environ 10 fr.

Remarquons, cependant, que, pour atteindre ce taux moyen, il a fallu que nombre de départements producteurs livrassent leurs plâtres à des prix bien inférieurs à ceux résultant de l'ensemble du territoire français.

Mais, fait digne de remarque, ce n'est pas Paris qui, dans cette statistique, influe sur le résultat général. Le prix moyen y est plus élevé. Il varie aux environs de fr. 12 la tonne à la mine, alors que, chez nous et dans les départements qui nous entourent, le prix moyen de vente descend entre 8 et 9 fr. la tonne.

La conséquence à en tirer est que le bas prix du plâtre dans ces départements n'est imputable qu'à un ensemble de faits complètement étrangers aux conditions qui président à son emploi. Autrement dit, cette dépréciation est due *aux vices de la production et non aux nécessités de la consommation*.

Et, en effet, pourquoi cette anomalie ? Le plâtre n'a-t-il pas une valeur foncière considérable, qui s'explique par l'épuisement rapide des anciennes carrières, leur rareté et le court amortissement de leur capital d'exploitation ?

Est-ce que la valeur d'un produit n'est pas en raison inverse de son abondance et directement proportionnelle à son emploi ?

N'est-ce pas la logique même des choses qui règle ses rapports ? Or, fait surprenant, qui donne un démenti à cette loi générale, c'est le plâtre, *corps très rare*, qui, dans notre région, ne se vend que 9 fr. la tonne, tandis que la chaux, *corps absolument sans valeur*, ne descend pas au-dessous de 13 fr. la tonne.

Comment expliquer que les détenteurs d'une fortune foncière si sûre, dont l'épuisement rapide devrait faire augmenter progressivement la valeur, consentent, de leur plein gré, sans y être forcés, comme cela peut malheureusement se produire dans certaines industries à la suite de découvertes scientifiques qui détruisent un équilibre antérieurement établi, comment se fait-il, dis-je, que ces détenteurs consentent à vendre à vil prix, à dilapider une richesse pareille ?

Situation géographique des gisements de plâtre en France

Je pense pouvoir facilement démontrer que cette exception confirme la règle ci-dessus, et que c'est bien, en effet, à un vice de la production qu'il faut attribuer cette anomalie.

Pour cela faire, j'aurai recours à un graphique qui permettra de suivre plus facilement les explications qui vont suivre.

Notons tout d'abord que Vaucluse est entouré de départements assez gros producteurs de plâtre :

L'Hérault.	produit environ	20.000	tonnes.
Les Bouches-du-Rhône. .	—	—	63.000	—
Le Var.	—	—	15.000	—
Les Alpes-Maritimes. . . .	—	—	21.000	—
Les Hautes et Basses-Alpes	—	—	6.500	—
L'Isère.	—	—	14.000	—

Par contre, remarquons que la position géographique occupée par Vaucluse, dans l'ensemble de ces départements, est particulièrement avantageuse.

Vaucluse occupe le centre d'un demi-cercle qui comprend les départements du Gard, de la Lozère, de l'Aveyron, du Cantal, de la Loire, de la Haute-Loire, de l'Ardèche et d'une partie de la Drôme. Ce rayon d'action est représenté par l'éventail de flèches en couleur, qui, partant d'un même point, s'étendent sur sept à huit départements. Nos plâtres pénètrent jusqu'à la limite extrême de ces flèches ; chacune d'elles porte en chiffre le prix du transport de la mine aux lieux de consommation. Cette situation lui donne donc un avantage considérable sur les autres, puisque notre département est protégé contre la concurrence extérieure par les distances que ces plâtres auront à parcourir avant d'arriver sur les lieux de consommation.

Or, il est facile de suivre sur le graphique le coût de ces distances à franchir, coût qu'il faut soustraire des prix de vente, pour avoir le prix de revient de chacun d'eux.

Notez bien que, dans tout ceci, je ne tiens pas compte, pour le moment, de la valeur réelle, à l'emploi, des plâtres des départements voisins.

Rayon de vente des plâtrières de Vaucluse

Prenons, comme premier exemple, les plâtrières de Roquevaire, dans les Bouches-du-Rhône, et remarquons que le prix de vente moyen est de 8 fr. 50 à 9 fr. dans ce département.

Pour atteindre Avignon, ces plâtres sont grevés de 5 fr. 70 de frais de transport, ce qu'indique la flèche en couleur.

Si nous relevons, à la suite d'une entente locale, le prix du plâtre, à fr. 11 par exemple, Roquevaire pourrait être tenté par ce prix ; mais comme il a 5 fr. 70 de frais de transport, il ne lui restera plus que 7 fr. environ comme prix de revient.

Ce prix étant inférieur au prix moyen de vente à la mine, qui est de fr. 9 pour ce département, vous voyez qu'aucune concurrence n'est à redouter de ce côté.

Le même raisonnement s'applique aux Basses et Hautes-Alpes. Il s'applique encore avec plus de force aux plâtrières du Var et des Alpes-Maritimes, dont l'éloignement est encore plus grand.

Restent celles de l'Isère et de l'Hérault, qui pourraient, dans une certaine mesure, restreindre le rayon d'emploi des produits vauclusiens, sur la périphérie du cercle dont je vous ai parlé.

Heureusement qu'ici intervient la qualité, qui est telle, pour l'Hérault en particulier, que la consommation de ces plâtres n'a aucune influence sur nos débouchés extérieurs. Ainsi, Montpellier, placé à quelques kilomètres des plâtrières d'Hérépian, n'emploie que des plâtres de Vaucluse, malgré un prix de revient infiniment plus élevé. C'est encore ainsi que les plâtres de Vaucluse, malgré leur grand éloignement, vont faire, sur les marchés de Cette et de Narbonne, une concurrence victorieuse aux plâtres de cette région.

C'est en tenant compte de toutes ces données, que j'ai pu tracer les hachures diverses qui délimitent notre champ d'action, et c'est dans ces limites que la production de Vaucluse est consommée.

Quel sera le tonnage futur ?

Mais pourrons-nous, avec cette surélévation des prix, conserver la totalité de notre tonnage ?

La question vaut, en effet, la peine d'être posée. Évidemment, plus les prix monteront chez nous, plus nos voisins seront tentés de nous envahir. Dans certaines régions, même, il est bien certain que nous ne pourrons pas défendre nos positions, qu'il faudra céder la place ou entrer en compétition.

Or, est-il avantageux de conserver son tonnage au détriment des prix? Ou ne vaut-il pas mieux sacrifier une partie du tonnage pour conserver des prix élevés? Ou que faire pour maintenir l'un et l'autre?

Tout notre avenir repose, en effet, sur ces deux points : concentrer dans Vaucluse la fabrication en une seule main ; — négocier en même temps, avec nos voisins, pour faire cesser tout antagonisme, toute concurrence inutile.

Mais, en attendant, devons-nous considérer comme un malheur, si la production vauclusienne, au lieu de se maintenir entre 55 et 60.000 tonnes, descend au-dessous de 50.000 tonnes?

Quelques chiffres vont répondre à cette question.

Actuellement, Vaucluse vend environ 52 à 53.000 tonnes de plâtre au prix moyen de 7 fr. 50. La somme encaissée est de 397.000 francs. Supposons l'extraction et la vente réduites à 45.000 tonnes par l'effet de la concurrence due au relèvement des prix : 45.000 tonnes, à 11 fr. la tonne, produiront 495.000 fr., soit près de 100.000 fr. de plus.

Malgré cette diminution, le bénéfice augmentant permet de rémunérer un capital plus élevé. De plus l'économie annuelle de 6 à 8.000 tonnes de pierres augmente nos réserves, en arrêtant le gaspillage actuel, et augmentera plus tard nos bénéfices. Remarquons que ces pierres ne sortiront plus à l'avenir de nos mines qu'au prix de 12 fr. au moins, puisque les prix de vente sont destinés à s'élever : 1° par l'épuisement des gisements ; 2° par les groupements qui ne manqueront pas de se produire à la suite du nôtre.

Nous pouvons donc dire que la réduction du tonnage, ayant pour corrollaire la hausse des prix, est un véritable bienfait, toutes les quantités non extraites constituant, sur la période actuelle, *une réserve* qui permettra le remboursement intégral de tout le capital social. 10.000 tonnes seulement, épargnées chaque année, représentent en 30 ans une valeur de 3 millions.

Au surplus, il n'y a pas lieu de nous effrayer de réductions semblables, qui pourront n'être que temporaires, pour une bonne partie tout au moins, et qui d'ailleurs sont forcées, par suite de la concurrence aveugle qui règne actuellement dans cette industrie.

Continuellement nous cherchons à empiéter les uns sur les autres ; nous sortons, par conséquent, de notre rayon naturel de vente et il faut bien prévoir que nous aurons à y revenir.

Ce retour en arrière sera évidemment moins prononcé, si une entente amiable intervient entre nous ; mais si elle n'a pas lieu, nous serons forcément amenés à reculer jusqu'à ce que les frais de transport opposent une barrière infranchissable à chacun de nos concurrents.

Cette réduction est donc la rançon de notre tranquillité pour le moment.

Quelles sont les mesures à prendre pour le relèvement des prix ?

Pour réaliser ce desideratum, plusieurs moyens s'offrent à nous. J'écarte tout d'abord le moyen le plus brutal, l'accaparement, par une seule personne, de toutes les mines et usines, comme pratiquement irréalisable. Restent trois autres moyens, que nous allons passer en revue.

Premièrement, entente simple entre tous les intéressés pour le relèvement des prix de vente, basé sur la bonne foi commerciale de chacun des contractants. Ce genre d'entente, le plus naturel de tous, n'offre cependant aucune sécurité. Il laisse la porte ouverte à toutes les fraudes, puisqu'il est dépourvu de toutes sanctions pénales et qu'il semble favoriser les plus malhonnêtes.

Il ne résout donc aucune des difficultés de l'heure présente.

Le second moyen remédie à cette lacune. Quelques industries, se trouvant dans des situations particulières, mais généralement critiques, l'ont adopté. Il supprime le libre arbitre de chaque fabricant, institue une marque unique, organise un bureau unique, seul chargé des ventes et de leur répartition entre tous les ayants droit.

Ce moyen est radical, mais il exige, pour qu'aucun intérêt ne soit lésé, qu'il y ait : premièrement, égalité de fabrication ; secondement, égalité de qualité, et qu'il soit établi pour une très longue période ; autrement, lors de la dissolution, le bouleversement est complet et chaque participant est obligé de se refaire une clientèle.

Ces combinaisons, pour ingénieuses qu'elles soient, pèchent par la base. Elles ne tiennent aucun compte des conditions dans lesquelles l'industrie moderne est obligée de se mouvoir.

Elles ne réalisent pas la concentration entre une seule main, soit des moyens de production, soit des capitaux, de plus en plus considérables, nécessaires pour dominer un marché et y acquérir une situation prépondérante.

Reste une troisième solution, d'une réalisation infiniment plus pratique, plus sûre, et qui conserverait à notre Société l'entière direction de cette affaire.

Elle consiste à s'associer, par fusion, les plâtrières concurrentes et à les payer en actions d'apports. C'est ce qui a été fait pour l'usine de Fontblanque. C'est donc la solution qui est la meilleure.

Du reste, la phase par laquelle nous passons ne nous est pas particulière. Plus ou moins tous les peuples commerçants de la terre, en présence de la surproduction et de la concurrence acharnée qui en résulte, n'ont vu de salut que dans de vastes organisations commerciales monopolisant une fabrication, maîtrisant les marchés, et contre lesquelles les consommateurs, c'est-à-dire les acheteurs, sont impuissants à réagir.

La concentration des plâtrières de Vaucluse par fusion avec notre Société est-elle à désirer ? Examen critique de ce projet.

Il me reste maintenant à dresser devant vous, non pas la liste nominale des plâtrières qu'il faut acheter, mais bien le capital social qui paraîtrait nécessaire pour atteindre une fusion générale dans Vaucluse, et voir si, malgré ses multiples achats et l'augmentation du capital nouveau, les dividendes futurs seront capables de donner toutes satisfactions.

Quand on dresse de pareils inventaires, il y a un écueil qu'il faut éviter : on est toujours tenté de diminuer les charges, afin d'augmenter les bénéfices ; on ne tient pas assez compte des imprévus.

Je ferai le contraire.

En nous basant sur des données sérieuses, nous pouvons fixer à environ 1,600,000 fr. le capital nécessaire pour englober les forces vives de ce marché.

Pour quelques personnes, ces 1.600.000 francs paraissent représenter un capital plus élevé que ne le comporterait la valeur vénale de toutes les carrières en exploitation.

A première vue, l'importance de ce chiffre appelle une certaine critique. Il convient de l'expliquer.

Evidemment, dans un contrat bilatéral, on ne peut avoir la prétention d'imposer sa volonté à son partenaire. Il y a donc des sacrifices à faire de part et d'autre. Ces sacrifices sont naturellement proportionnés aux avantages que l'on en espère pour soi-même. Plus les avantages à recueillir seront grands, plus les sacrifices que l'on consentira pourront être étendus.

Dans ce chiffre de 1.600.000 fr. nos apports figurent pour 1.125.000 fr. qui sont représentés par nos carrières et nos usines. Nos concurrents ont ainsi sous les yeux une base certaine d'évaluation pour leur propre avoir.

C'est cette valeur fictive, toute de convention, qui nous est aujourd'hui opposée. Si, au lieu d'estimer nos carrières et usines à 717.252 fr. 90 et notre capital social primitif à 945.500 fr., il n'eût été porté qu'à 500.000 fr. par exemple, nos carrières n'auraient été évaluées qu'à 302.000 fr. et par suite il aurait été impossible à nos concurrents de donner à leurs apports une valeur aussi considérable.

S'étant basés sur nos propres évaluations pour fixer la valeur de leurs apports, notre Société en supporte les conséquences.

En l'état, nous est-il possible de modifier ces conditions ?

Pouvons-nous contraindre nos concurrents à n'en pas tenir compte ?

La chose paraît douteuse ; mais enfin admettons-en la possibilité.

Ne se présente-t-il pas alors à l'esprit un autre dilemme ?

N'est-il pas prudent et sage de se demander si le bénéfice qui résultera de cette lutte, compensera les pertes qu'elle aura accumulées ?

Toute la question est là !

Or, il est facile d'y répondre par les considérations qui suivent :

Si la fusion avait été faite il y a deux années, lors de la transformation de la Société, *le bénéfice supplémentaire, sur nos 32.000 tonnes annuelles, aurait été de près de 100.000 fr. (32.000×3) par an, environ,* au-dessus de ce qu'il a été. Nous avons donc perdu 200.000 fr. et ne sommes pas plus avancés que si nos concurrents nous cédaient à présent leur avoir à moitié prix.

Nous tournons ainsi dans un cercle vicieux, puisque nous arriverions à ce résultat extravagant, que, pour ne pas être en perte, nous devrions exiger de nos concurrents un prix de fusion d'autant plus bas, que la lutte aurait duré plus longtemps, jusqu'à ce que cette valeur fût égale à zéro !

Ce qui devrait avoir lieu après deux nouvelles années de concurrence.

Cela étant, peut-on faire quelque fond sur une pareille argumentation ? Peut-on accepter de suivre une ligne de conduite qui conduit à l'absurde ?

Certainement non !

Inventaire après fusion générale.

Par conséquent, pour savoir si une fusion générale est avantageuse, la première des choses à faire est de dresser l'inventaire futur de la Société, complétée par l'introduction des autres fabricants.

Si ces calculs font ressortir un bénéfice plus grand que celui des temps présents et même de n'importe quelle période des temps passés, la question ne sera-t-elle pas tranchée ?

Remarquons que, grâce à cette fusion, les prix de vente paraissent pouvoir être portés très rapidement à une moyenne de 11 fr. la tonne.

Il en ressortira les chiffres suivants :

45.000 tonnes à 11 francs.	495.000 fr.
Frais généraux à déduire à 6 %₀	270.000 »
	225.000 »

Déduisons encore les charges diverses :

Impôts sur les actions, les réserves, les tantièmes du conseil.	27.505 »
Il restera comme bénéfice net.	197.495 »

qui permettront : 1° de donner 10 % de revenu à un capital de 1.600.000 fr., soit un dividende de 50 fr. par action ;

2° d'amortir en 30 années le capital social ;

3° de créer en outre des réserves, qui atteindraient, dans le même laps de temps, une très grosse somme.

Economies à réaliser et bénéfices supplémentaires

Par ce premier résultat on peut se rendre compte du bénéfice immédiat *qu'une fusion complète* permet d'obtenir, instantanément, sans aucunes difficultés.

En outre de ceux-ci, d'autres bénéfices, très importants également, sont dus aux économies de toutes sortes qui dérivent, soit du renversement des rôles entre vendeurs et acheteurs, soit de la concentration des affaires.

Si, aujourd'hui, par l'effet d'une concurrence aveugle et inexpliquable, nous sommes livrés à tous les caprices de nos acheteurs, par conséquent à toutes les pertes qui en résultent, la situation sera complètement changée, après fusion. Les pertes de sacs, d'escompte, d'intérêts, etc..., prendront immédiatement fin.

Toutefois, il convient d'étudier cette question sous un autre aspect et de voir si les conséquences *d'une fusion, même limitée,* présenteraient des avantages suffisants pour l'entreprendre.

Envisagée sous ce jour nouveau, opposé, en quelque sorte, au premier, il est facile de démontrer que, même dans ce cas, notre avenir serait encore également sauvegardé, quelques éventualités qui puissent se produire, tellement la situation présente est antiéconomique.

— Supposons, par exemple, qu'une concurrence, que rien ne fait prévoir, surgisse tout à coup. — Supposons encore que, sous l'effet de tarifs différentiels, telle région plâtrière fût plus favorisée que la nôtre. — Supposons, enfin, et cette supposition peut parfaitement se défendre, qu'il y aurait plus d'avantage pour notre Société à produire beaucoup, mais avec des prix de vente plus réduit. —

Quelle serait alors notre situation ? Elle est très nette ! Centralisant, entre nos mains, une production qui approcherait de 50.000 tonnes, notre situation serait inattaquable.

Et voici pourquoi :

Cette centralisation, en permettant une meilleure utilisation du matériel, une meilleure répartition des charges, la suppression d'une certaine partie de la main-d'œuvre, procure des avantages tels, que l'on peut bien affirmer, avec la plus grande énergie, qu'une fois *nos usines remaniées, nos transporteurs aériens installés*, aucune concurrence, *d'où qu'elle vînt*, ne pourrait plus nous atteindre, parce que nous produirions, à un taux si bas, que notre Société réaliserait encore des bénéfices considérables, même en vendant à des prix ruineux pour nos adversaires.

N'oublions pas, en effet, qu'il n'existe nulle part, ni dans Vaucluse, ni dans notre région, des gisements comparables à ceux situés dans les communes de Pernes, Velleron, L'Isle, tant à cause de leur proximité des gares, que par leur facilité présente d'exploitation.

Tant qu'elles dureront — et nous n'en verrons pas de sitôt la fin — nous jouirons d'un monopole effectif réel, qui sauvegarderait complétement nos droits, nos intérêts, notre avenir.

De cela, il est facile d'en donner quelques preuves.

Mais tout d'abord, reconnaissons que les moyens de fabrication, mis aujourd'hui à la disposition de l'industrie moderne, sont autrement avantageux que ceux en usage, il y a seulement trente ans, et qui, forcément, s'imposent à notre attention.

Quoi qu'il en soit de ce fait général, il est, en premier lieu une cause de perte énorme qui sera supprimée *ipso facto* : c'est celle de la sacherie. Sous l'effet de la concurrence, et du chantage qui en est résulté à notre encontre, la fourniture des sacs constitue aujourd'hui une perte sèche pour les fabricants.

Le contenant vaut plus cher que le contenu : nous dépensons 0.42 cent. de sacs pour loger 0,35 cent. de plâtre. Il est bien convenu que les acheteurs doivent payer la location des sacs ; mais, en fait, il est très difficile de la faire rentrer, et rentrerait-elle exactement que, soit par négligence, soit par mauvaise volonté, ou manque de soins, la destruction des sacs est si rapide que, chaque année, il faut en remplacer des quantités considérables. Cette dépense atteint 0 65 cent. environ par tonne et par année, soit une perte de 32 à 33.000 fr. pour les 50.000 tonnes vendues.

Si une fusion même partielle se fait, cette perte disparaît immédiatement, car les sacs seront toujours facturés. C'est en outre un capital de 60.000 fr. qui rentrera dans notre caisse.

Dans une industrie qui met en œuvre des matières d'aussi

peu de valeur et d'un poids si considérable, les économies, pour si minimes qu'elles soient, procurent sur un tonnage élevé des bénéfices certains.

Ainsi, par la concentration de la fabrication entre quelques usines seulement, et peut-être en une seule, le travail étant mieux réparti, chaque usine aura son maximum de fabrication, *et le prix de revient s'abaissera forcément.*

Il en sera de même, mais dans une plus large mesure, en ce qui concerne le camionnage en gare, par charrettes.

Pour le groupe des usines de Pernes, de Velleron et de L'Isle seulement, cette dépense est supérieure à 80.000 fr. par an.

Depuis quelques années, heureusement, les moyens mécaniques de transports se sont singulièrement perfectionnés. Les petites voies ferrées ont même été remplacées, en pays accidentés, par les câbles transporteurs, d'une installation plus simple, moins chère.

Des premières indications que nous avons recueillies, on peut, ce semble, tabler sur un prix de revient de 0,50 c. la tonne rendue en gare. Cela ne ferait que 25.000 fr., au lieu de 80.000 fr. La différence, après avoir déduit l'imprévu, etc., apparaît encore énorme.

Mais ce n'est pas tout.

Vous savez qu'avec nos machines à vapeur actuelles, nous dépensons annuellement 450.000 kilogr. de charbon pour notre trituration. Leur suppression sera une cause de très grandes économies pour notre Société. Leur remplacement peut se faire, soit par une station centrale de force motrice alimentée par les gaz oxy-carburés, soit par l'achat de l'énergie électrique nécessaire.

L'économie par le premier moyen serait de près de 350.000 k. de charbon annuellement

Il est vrai que nous serions obligés de transmettre la force aux deux autres usines par dynamos ; mais nous supprimerions de la main-d'œuvre, et très probablement nous pourrions utiliser ces courants électriques pour actionner les treuils élévateurs de nos chantiers, en remplacement de la force animale.

Bien que cette économie soit sérieuse, elle serait encore plus forte en ayant recours à une source étrangère d'électricité.

Des propositions faites à notre Société permettent d'envisager cette éventualité comme d'une réalisation facile et peu coûteuse.

Toutes ces économies sont absolument certaines. Elles sont à notre disposition et nous en jouirons dès que nous aurons concentré, entre nos mains, un tonnage suffisant.

Elles nous garantiront, par conséquent, un avenir tranquille et fructueux Mais il faut le vouloir et ne rien négliger pour l'obtenir.

La fusion permettra des accords interrégionaux

Telle est, en résumé, la première partie de notre programme. Nous espérons que les résultats que donnera la seconde seront tout aussi avantageux. Ils auront pour but de consolider d'abord, et d'étendre ensuite l'aire de nos bénéfices.

Si, dans certaines régions, notre fusion nous procurera, dès maintenant, des avantages indiscutés, dans d'autres elle se verra battue en brèche par l'infiltration des plâtres étrangers à Vaucluse dont les prix, un peu moins élevés, compenseront, sur la périphérie de notre rayon d'action, les charges de transport.

C'est pour cette raison que, dans nos calculs de vente, nous n'avons compté qu'un tonnage de 45.000 tonnes, au lieu de 53 ou 54.000 tonnes.

Le prix moyen de fr. 11, chez nous, est certain, puisque, pendant de longues années, et sans fusion, nous avons vendu fr. 10 ; mais pour aller au delà et être maîtres chez nous, il nous faudra négocier avec les plâtrières de la Savoie et peut-être avec celles de l'Ariège. (*Nous aurons à partager avec ces plâtrières 6 ou 7.000 tonnes*).

Ces pourparlers seront d'autant plus faciles que nous serons plus forts ici et que nos bénéfices nous permettraient, au besoin, de vendre chez nos concurrents interrégionaux à plus bas prix qu'ils ne le pourraient faire.

Des quelques pourparlers antérieurs, nous pouvons prévoir que nos efforts seront couronnés de succès. Il ne faut pas se dissimuler que nos concurrents sont, tout autant que nous, fatigués de sacrifier leur temps, leurs peines, leurs capitaux, au profit des acheteurs, et que, tout autant que nous, ils soupirent après une époque de travail fructueux.

La fusion n'apparaît-elle pas opportune ?

Je pense vous avoir démontré, a priori, l'avantage énorme, indiscutable, qu'a notre Société à réaliser le plus rapidement possible une entente générale, car il n'est pas admissible que l'intérêt de nos actions continue à être pris sur le capital foncier, l'amortissement étant impossible.

Par conséquent, est-on en droit de soutenir que cette fusion serait onéreuse, et qu'il vaudrait mieux persister dans la ligne de conduite suivie jusqu'ici ?

Et, pour conclure, vaut-il mieux faire la fusion telle que les circonstances l'ont créée ?

Ou vaut-il mieux s'immobiliser dans le statu quo ?

D'un côté, nous voyons l'avenir de notre Société assuré, et sa durée devenir en quelque sorte indéfinie. Sa fortune n'étant plus limitée aux quelques carrières actuelles, elle pourra s'étendre là où l'appelleront ses nouveaux besoins ; elle pourra prendre des participations dans des exploitations qu'elle aura intérêt à surveiller ou à contrôler ; elle pourra, en un mot, faire acte de Société puissante, qui veut et entend s'assurer, par tous les moyens possibles, son complet épanouissement.

Si, au contraire, les yeux toujours fixés sur un passé bien mort, vous restez imprégnés des idées qui pouvaient être de mise dans une association fermée, dont l'évolution était forcément bornée au petit horizon qui limitait son champ d'action obligé ; si les mêmes errements devaient se perpétuer ; si une vue plus vaste, plus nette, des nécessités présentes, inhérente à toute grande industrie moderne, était méconnue par vous ; si le passé, enfin, vous tentait plus que l'avenir que je vous montre, soyez bien persuadés qu'il ne faudrait pas être grand prophète pour vous prédire **que vos dividendes seront de plus en plus compomis, que l'amortissement du capital social sera impossible à réaliser avant l'épuisement de vos carrières, et que l'avenir de notre Société sera absolument enrayé, parce que toute entreprise qui, à l'heure actuelle, ne cherche pas à dominer ses voisines, est certainement condamnée à disparaître.**

A. RIEU.

AVIGNON, IMP. F. SEGUIN.